新訂

The Handbook of Aquatic Life

水生生物ハンドブック

刈田敏三 著

エルモンヒラタカゲロウ雄亜成虫
Epeorus latifolium

文一総合出版

水生生物からわかること

水生生物とは、ミズムシやカワニナのように一生を水の中で過ごす生物や、カゲロウやカワゲラのように一生のある期間だけ水の中にすむ昆虫のこと。これらの生物は、それぞれの種にとって好ましい環境に生息している。そして、その河川環境には、水質や川底の質、流れの速さ、河畔林（かはんりん）の状態など、さまざまな要因が大きく関係している。
だから、川の中にどんな水生生物がいるかがわかると、水質をはじめとした河川環境を知る手がかりにすることができる。その大きな特徴は、化学分析から得られる瞬間的な水質データとは違い、水質に加えてある程度の時間経過を含めた河川環境を知ることができることだ。

■環境のすぐれた川

水源となる山々に落葉広葉樹がいい状態で茂っていれば、川の水量は安定して豊富になり、水生生物にはすみやすい環境になる。また、落葉広葉樹の河畔林は水温の安定化にも役立ち、水生生物のエサとなる落ち葉も供給する。
それに対して、スギの人工林などは保水力が低いため、川の水量は不安定で生物にはすみにくくなる。また、スギの葉は水生生物のエサとしては利用されない。つまり、スギ人工林内を流れる川には、水生生物は少ないのだ。(写真は秋田県三内川上流域)

カワノリ

太平洋に面した山地渓流で見つかるタイプのカワノリ。初夏のころが旬で、海ノリと同じように食材にされ、非常においしい。写真は熊本県川辺川水系。カワノリが見られる流れは、水質がよいことはもちろん、多種多様な水生生物が生息している。

ミズワタ

川底の石に見られる灰色で綿状のもの。バクテリアの1種で、やや汚れた川からたいへん汚れた川で見られる。

川の形態

川は、源流域の細流から海に流れ込む

■山地渓流

谷間を流れ、落差のある早瀬と淵が交互にある。底石はスイカより大きいものが多く、巨石や岩もある。主にヤマメやイワナなどが生息し、初夏にはアユが遡上してくるところもある。

■平地渓流

平野部を流れているが、夏でも水温が低いのでヤマメが生息しており、春から秋まではアユも見られる。平瀬が多い中に早瀬があり、深い淵もある。

までの間に、さまざまな形態をとりながら流れている。

平地流(へいちりゅう)

オイカワやウグイなどコイ科の魚が主に生息している。早瀬はなく平瀬ばかりで、淵などの底には少し泥がたまっている。底石はメロンより小さいものがほとんど。

下流(かりゅう)

主にコイやフナなどが生息し、一年中少しにごっている。平瀬はあってもゆるやか。底石はリンゴ大以下で、砂や泥をかぶっていることが多い。

水生生物の生息場所

早瀬

たいへん早い流れで、白く泡
だって波立ち、川底は見えな
い。速い流れに適応した生
物だけが生息している。

平瀬

流れはやや速く波立つが
底石は見える。多種多様な
水生生物が生息できる環境
平瀬といっても流れの速い
流心寄りと、流心からずれた
比較的流れのゆるやかな部
分があり、水生生物はそれぞ
れすみ分けている。

淵（プール）

流速はゆるやかで波立たず
水深も深い。水生生物は、早
瀬や平瀬に比べるとかな
少ない。また、底に砂がた
ると水生生物の種数はさ
に少なくなる。

石表面／側面／下面

1 平瀬の石表面　平瀬にある浮き石には、水生生物が高密度で生息している。浮き石1つでも、よく見るといろいろな生息環境がある。石の上面は日当たりがよく、水流による栄養補給もスムーズ。したがって水生生物のエサとなる付着藻類の成長が早い。その反面、流れは速く捕食者などの敵にも見つかりやすい。速い流れに適応した種や、逃げ足の速い生物が多く見られる。

2 石の側面　石の側面は付着藻類の成長が比較的悪いが、水流も変化があってすみやすく、隠れ場所も近い。ここで見られる生物は多い。

3 石の下面　石の下面は水生生物の避難場所だが、捕食者であるカワゲラ類やヘビトンボなどが待ち構えている。石の間には流れてきた落ち葉が引っ掛かり、ネットを張ってエサを集めるタイプのトビケラ類が見られる。ここには歩き回ってエサを食べるタイプのカゲロウ類もいて、生物の生息密度は高い。また、突出した石の下には、流れが運んできた砂が堆積することが多い。堆積土砂の中には、モンカゲロウの仲間がトンネルを掘ってすんでおり、沈殿する有機物を食べている。

沈んだ落ち葉

瀬の脇や淵に沈んだ落ち葉には、落ち葉を食べるタイプの水生生物や、その生物を狙う捕食者が生息している。

植物群落

水生生物は、流れから生えているヨシ群落などの中にも生息している。瀬の脇など水通しがよければ種類は多く、よどんで水通しの悪い場所には少ない。

本書の使い方

本書は、河川に生息する水生生物を調べるときに役立つようにカゲロウ目18種、カワゲラ目11種、トビケラ目13種、その他の水生昆虫32種を掲載し、携帯しやすいハンディサイズにまとめた。

Ⓐ **種名**：標準和名、学名、分類は『日本産水生昆虫――科・属・種への検索』に準拠した。

Ⓑ **生息水質**：一般的な水質階級は4段階だが、それを12段階に細分して生息水質をよりわかりやすくした。BODで「きれい」は5m/l未満、「少し汚れた」は5～10m/l未満、「汚れた」は10～20m/l未満、「たいへん汚れた」は20m/l以上に該当する。

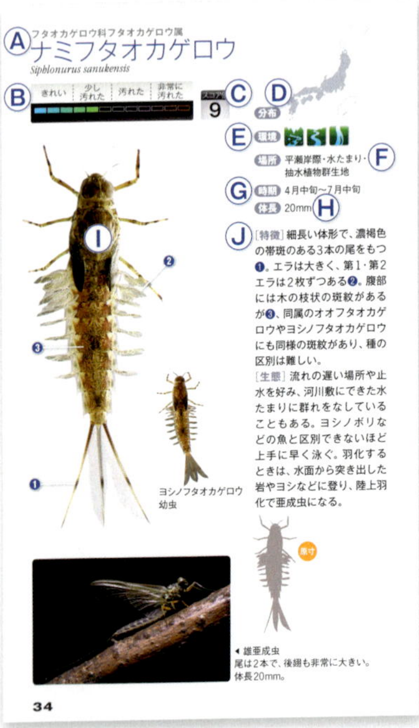
フタオカゲロウ科フタオカゲロウ属
ナミフタオカゲロウ
Sipblonurus sanukensis
きれい　少し汚れた　汚れた　非常に汚れた
スコア値 9
分布
環境
場所 平瀬岸際・水たまり・抽水植物群生地
時期 4月中旬～7月中旬
体長 20mm
[特徴] 細長い体形で、濃褐色の帯斑のある3本の尾をもつ❶。エラは大きく、第1・第2エラは2枚ずつある❷。腹部には木の枝状の斑紋があるが❸、同属のオオフタオカゲロウやヨシノフタオカゲロウにも同様の斑紋があり、種の区別は難しい。
[生態] 流れの遅い場所や止水を好み、河川敷にできた水たまりに群れをなしていることもある。ヨシノボリなどの魚と区別できないほど上手に早く泳ぐ。羽化するときは、水面から突き出した岩やヨシなどに登り、陸上羽化で亜成虫になる。
ヨシノフタオカゲロウ幼虫
原寸
◂ 雄亜成虫
尾は2本で、後翅も非常に大きい。
体長20mm。
34

Ⓒ **スコア値**：水生生物による河川の水質調査法の1つ「スコア法」で使われる水生生物の指標値。1～10の数値で、1がもっとも汚い水域で、10がもっともきれいな水域。全国公害研協議会が、イギリスで開発されたBMWP法を元に日本の河川に適応するように作った。

Ⓓ **分布**：代表的な島ごとに色分けしてわかりやすく表示した。

Ⓔ **環境**：主な生息地をアイコンで表示した（詳しくは**p.4**参照）。

Ⓕ **場所**：河川内での生息場所を表示した（詳しくは**p.6**参照）。

Ⓖ **時期**：生息地で1日に大体2匹以上は羽化が見られる時期。羽化期であっても羽化は毎日あるとは限らず、多い日、少ない日、見られない日もある。

Ⓗ **体長**：尾の長さを含まない体の長さ。サワガニでは甲羅の幅。ザリガニやエビでは触角を含まない頭胸部の先から尾節の先まで。

Ⓘ **写真**：幼虫の写真をメインに類似種や成虫（亜成虫）の写真も掲載した。

Ⓙ **解説**：同定する際にチェックすべきポイントや、どこに生息し何を食べているかなどをわかりやすく解説した。

用語解説

●渓畔林（けいはんりん）…渓流沿いの林。河川の生態系に大きな影響を与える重要な存在で、樹木からの落ち葉は、河川内の食物連鎖の根本的なエネルギー源。また木の葉は、流れを日射からカバーして水温の上昇を防ぐという役割も大きい。平地流では、河畔林（かはんりん）ともいう。

●泥・砂・石・岩…専門用語では、粒径で.125mm以下を泥、0.125～2mmを砂、～4mmを小礫、4～64mmを中礫、64～256mmを大礫、256mm以上を巨礫と分けている。この中で中礫を砂利、大礫を石と呼び、岩は粒径500mm以上のものを指す。

●有機物…水生生物は、植物・動物やその死体・脱皮殻などの有機物をエサとしている。そのフンや尿は、細菌によって分解され、ミネラル（無機栄養塩）になる。

●汚れ…川が汚れているとは、水中に栄養分が異常に多い状態のこと。農畜産や、生活・工業排水などが主な原因になる。

●水通し…水流の様子。「水通しがよい」とは水の流れがスムースな状態。「水通しが悪い」とは水がよどんでいる状態で、溶存酸素が少なくなり、水質が悪化しやすい。

●BOD（生物化学的酸素要求量）…水中有機物が微生物に分解されるときに必要とする酸素量のこと。有機物汚濁の程度を示す数値で、値が大きいほど汚濁がひどい状態を表す。

●付着藻類…川底の石や砂、泥、杭などに密着して成長する藻類のこと。水生生物の重要なエサ資源となっている。藻類は葉緑素をもち、藍藻類、珪藻類、緑藻類などがある。アユ釣りなどの世界では水垢（みずあか）とも呼ぶ。

●捕食者（プレデター）…ほかの生物を捕らえて食べる生物のこと。

●同定（どうてい）…生物の特徴などを確認して分類上の所属や種名を決めること。

●エラ…表皮が突出してその中に気管の分枝がある気管エラ、また中に血管が発達した血管エラがある。表面積が増大することで水中の溶存酸素の吸収効率がよくなる。水生昆虫は気管エラが多い。

●ウイングパッド…翅芽（しが）ともいう。カゲロウやカワゲラなどの中胸部（カワゲラは後胸にもある）背面にあり、成虫になったときに翅（はね）になる部分。

●脱皮（だっぴ）…昆虫などがキチン質でできた外皮を脱ぎ捨て、新しい外皮になること。幼虫が成長するために行う脱皮と、成虫になるために行う羽化脱皮がある。

●蛹（さなぎ）…完全変態を行う昆虫の終齢幼虫が、脱皮してなる生育段階。成虫になるためにある時間エサをとらずあまり動かないようにして、幼虫の体組織から成虫の体組織に変わっていく状態を過ごす。時期がくるともう一度脱皮し、成虫になる。蛹には、繭（まゆ）に入るタイプと入らないタイプがある。一般的に蛹は動かないが、トビケラの蛹は羽化するときに川底から泳ぎ出し、水面あるいは陸上まで移動し、そこで脱皮して成虫になる。

●羽化（うか）…昆虫の幼虫が脱皮して成虫になること。カゲロウに関しては、幼虫から羽化して亜成虫になり、もう一度脱皮することで成虫になる。

水生生物の体の特徴

■カゲロウの体のしくみ

●ナミヒラタカゲロウ幼虫

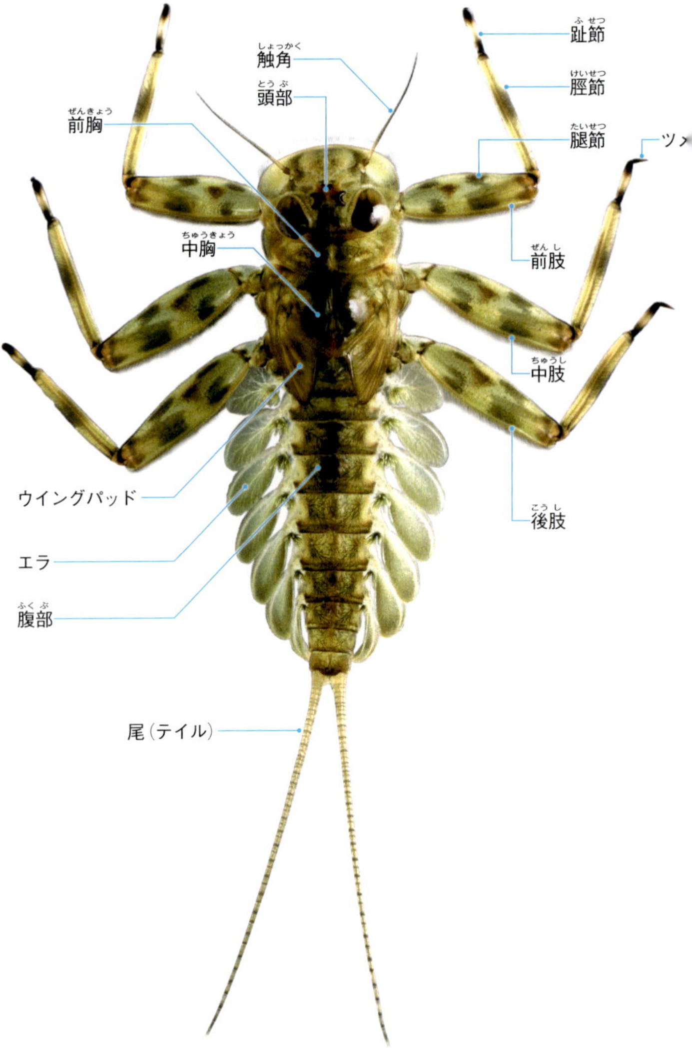

カゲロウとは

カゲロウは、有翅昆虫では最も古い古生代石炭紀（約3億6,700万年前）に現れたといわれる。その特徴は、幼虫から亜成虫を経て成虫になることで、蛹になることはない。世界に約3,000種、日本には約140種がいると言われるが、いまだ名前のない種も数多くいる。

幼虫の特徴

○普通、尾は3本（一部、2本の種もいる）。
○肢のツメは1本。
○エラは腹部の横についていて木の葉状、あるいは房毛状。
○前胸・中胸ははっきりしているが、後胸はわかりにくい。

いろいろな幼虫の特徴

●**ナミヒラタカゲロウ幼虫**
体は扁平で石に張りついている。速い流れに適応した体形で、石表面をはう動きはすばやい。

●**ナミフタオカゲロウ幼虫**
緩流部・よどみなどに生息している。小魚のように泳ぎはうまい。エラは木の葉状。

●**モンカゲロウ幼虫**
砂や泥の中にトンネルを掘り、その中に生息している。前肢はモグラの前脚によく似ている。エラは房毛状。

●**コオノマダラカゲロウ幼虫**
石の間をはい回っているタイプ。体は頑丈でエラは腹部背面にある。マダラカゲロウの仲間。

カワゲラとは

カワゲラは世界に1,700種、日本には300種がいるといわれるが、実際の種類数はまだよくわからない。カワゲラの仲間は水質環境に敏感な種が多く、河川環境をチェックするときは特に重要。

カワゲラの体のしくみ

● カワゲラ幼虫

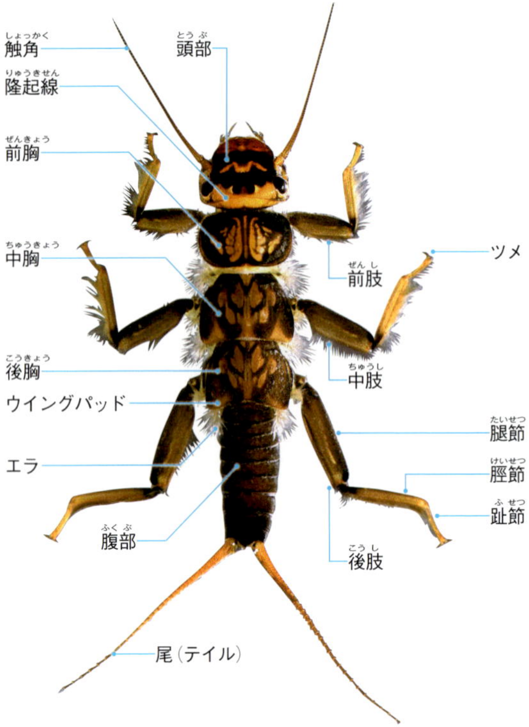

幼虫の特徴

○肢のツメは2本。
○尾は2本。
○エラは房毛状か指状で肢の付け根、アゴの下、肛門付近などに見られるが、まったくエラが見られない種もいる。
○前胸・中胸・後胸がはっきりしている。

● カワゲラ成虫
カワゲラ成虫は、翅が水平に折り畳まれた状態になる。

トビケラとは

トビケラは世界に7,000種、日本には400種がいるといわれている。幼虫はイモムシ形で、成虫になる前に蛹となって繭の中に入っている期間がある。

トビケラの体のしくみ

●ウルマーシマトビケラ幼虫

幼虫の特徴

○イモムシ形で3対の肢がある。
○尾はない。
○尾肢の先にカギツメがある。

●ウルマーシマトビケラ成虫
トビケラ成虫は、三角テントのように翅を折り畳んで止まる。ガによく似ているが、翅に鱗粉はなく細かな毛が生えている。

身近な水生生物の検索表

幼虫に肢がない

- **頭が見えない**

マダラガガンボ（p.69）
ウスバガガンボ（p.69）

- **体はなすび形**

アシマダラブユ（p.70）

- **体は平らで石に張り付く**

クロバアミカ（p.71）

セスジユスリカ（p.73）
ヤマユスリカ（p.73）

ケースに入っている

ヤマトビケラ（p.55）・コカクツツトビケラ（p.56）
ニンギョウトビケラ（p.57）・マルツツトビケラ（p.59）
クロモンエグリトビケラ（p.60）・アオヒゲナガトビケラ（p.61

体はイモムシ形

- **触角が見える**

ヘビトンボ（p.66）

ヒゲナガカワトビケラ（p.50）・ウルマーシマトビケラ（p.51）
オオシマトビケラ（p.52）・コガタシマトビケラ（p.53）
ムナグロナガレトビケラ（p.54）・クダトビケラ（p.58）
ヒロアタマナガレトビケラ（p.62）

体はコイン形

- **脚は見えない**

ヒラタドロムシ（p.72）

ナベブタムシ（p.68）

YES!
NO...

尾は3本 → YES → **尾は柳葉状** → YES →

ハグロトンボ (p.65)

尾は柳葉状 → NO → **尾は糸状** → YES →

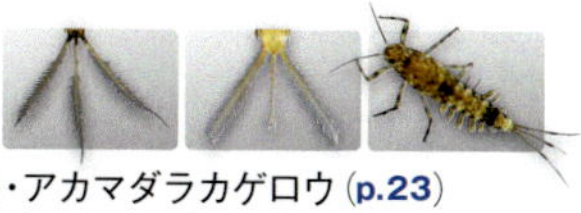

オオマダラカゲロウ (p.22)・アカマダラカゲロウ (p.23)
ヨシノマダラカゲロウ (p.24)・フタスジモンカゲロウ (p.25)
シロハラコカゲロウ (p.26)・サホコカゲロウ (p.27)
フタモンコカゲロウ (p.28)・フタバカゲロウ (p.29)
キイロカワカゲロウ (p.30)・チラカゲロウ (p.31)
シロタニガワカゲロウ (p.32)・ナミトビイロカゲロウ (p.33)
ナミフタオカゲロウ (p.34)・ヒメフタオカゲロウ (p.35)
ヒメシロカゲロウ (p.36)・モンカゲロウ (p.37)
オオシロカゲロウ (p.38)

尾は3本 → NO → **腹部に木の葉状のエラがある** → YES →

エルモンヒラタカゲロウ (p.20)

NO → **尾がないように見える** → YES →

コオニヤンマ (p.63)
ダビドサナエ (p.64)
ムカシトンボ (p.67)

NO → **カマキリのような前足** → YES →

タイコウチ (p.70)
ミズカマキリ (p.71)

NO → **ウイングパッドがある** → YES →

キカワゲラ (p.39)・フタメカワゲラ (p.40)
オオヤマカワゲラ (p.41)・カワゲラ (p.42)
コグサヒメカワゲラ (p.43)・オナシカワゲラ (p.44)
キベリトウゴウカワゲラ (p.45)・セスジミドリカワゲラ (p.46)

NO →

モンキマメゲンゴロウ (p.67)

水生昆虫の生活史

産卵

水生昆虫には、いくつかの独特な産卵方法がある。
- 卵塊（らんかい）を流れに落とす
- 卵を水際の植物や石などに産みつける
- 雌成虫が川底に潜り、石裏へ直接産みつける

卵塊を抱えたヨシノマダラカゲロウ雌成虫。
これから流れに飛んでいって産み落とすところ

ヨシノマダラカゲロウの産み落としたばかりの卵塊
やがて卵は1粒1粒バラバラになる。

成長

卵からかえった幼虫は、脱皮をくり返しながら成長する。写真は、マエグロヒメフタオカゲロウが成長のために脱皮しているところ。

羽化

齢幼虫や蛹は、種によ
てさまざまな方法で羽
し、成虫（カゲロウのみ
成虫）になる。

●**水中羽化**　幼虫が、水中の生息地や川底の巣の中にあるマユから羽化し、出てきた成虫（亜成虫）は水中を浮上して空中へ飛び出す。
●**水面羽化**　幼虫や蛹が水面まで泳ぎ上って、水面で流されながら羽化脱皮し、成虫（亜成虫）になる。
●**陸上羽化**　幼虫や蛹が岸や流れから突き出している石や植物などに上がり、羽化脱皮する。

スウォーミング

成虫は、朝や夕暮れごろ、川
の上空に群れ集まって上下
躍るように飛ぶ。これによ
て雌を誘い、交尾へと導く。

亜成虫から成虫へ

ゲロウの仲間だけは、幼虫から羽
してもまだ成虫ではない。成虫
はよく似ているが、まだ体の柔ら
い亜成虫という状態。亜成虫に
ってから約24時間後にもう一度
皮し、成虫になる。写真は、ナミ
ロトビカゲロウが亜成虫から成
へ脱皮しているところ。

採集道具・使い方

■採集方法

瀬など流れのある場所での採集は、底にネットをしっかり当て、上流側の石をひっくり返す。石に着いていたり下にいた生物は流されてネットに入る。しかし、石に張りついている生物もいるので、石を持ち上げてチェックしよう。また、川のよどみなど流れのないところでは、泳いで逃げるような生物が多い。こういったポイントでは、ネットに棒や足で追い込むか、ネットを2本使って挟み込むようにするとよい。

■採集道具

●採集用小物

小さな生物を同定するときには、プラスチックの小皿などに載せてからルーペで観察する。その際、水生生物はデリケートなので扱いには注意が必要。普通はピンセットを使うが、ごく小さな種はスポイト等で吸い込んで扱うのが早く、傷もつかない。
スポイトは大型のものを選び、吸い込み口の大きさを直径6mmくらいに調整して使う。また、ヒラタカゲロウなどは木のヘラ（アイスキャンデーの棒などでもよい）に止まらせると、そのままルーペで観察できる。水温計は、金属で保護されたタイプが安全で使いやすい。

● ルーペ

さな生物の特徴を観察するには、10倍らいのルーペが必要。いわゆるルーペもよいが、私は写真用の10倍ルーペを用。写真用のほうが視野が広く見やすという利点がある。なお、普通の虫メガでは2倍程度にしか拡大されない。

●デスクトレイ

採集ネットに入る生物は、落ち葉などにまぎれて見つけにくい。そこで、水を入れたデスクトレイかバットに広げると、生物は泳いだりはったりして姿を現してくる。その際、デスクトレイのように仕切りがあると、捕食性の種をほかの生物と隔離できて便利。

●観賞魚ネット

ペットショップなどで売られている小型のネットは、サイズが色々あって手軽に使える。ただし、流れが弱くて浅いところでしか使えない。

●採集ネット

写真は釣り具の量販店で売られているもの。フレームはO型ではなくてD型。フレームの直線部は網が切れないように補強され、網の目が細かく頑丈なのがおすすめ。網の目は1.5～2mmくらいがよい。

ヒラタカゲロウ科ヒラタカゲロウ属

エルモンヒラタカゲロウ

Epeorus latifolium

きれい	少し汚れた	汚れた	非常に汚れた

スコア値 **9**

分布

環境

場所　平瀬・石表面

時期　3月下旬～11月

体長　12mm

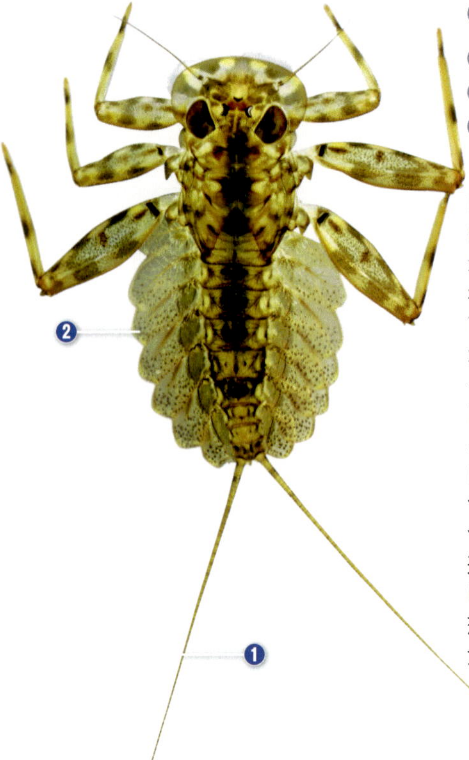

[特徴] 薄く平たい体形で、
は2本❶。エラに大小の斑
があるのが決定的な特徴で
わかりやすい❷。日本各
でごく普通に見られる。
から3月ごろにかけてのみ
タニヒラタカゲロウ（体
15～17mmとより大形種
と間違えやすい。

[生態] 平瀬の石表面に張
つくように生息する。つ
つるした丸石を好み、人影
近づくとススっと石裏へ
げる。石表面に生える付
藻類を刈り取るようにし
食べる。

タニヒラタカゲロウ
幼虫（体長15mm）

◀ 雄亜成虫
亜成虫は、体がやわらかく翅が不透明である。雄は雌に比べて複眼が大きい。腹部は白っぽい淡色で、先端にフォーセップ（ペンチ状の交尾器）があり、尾は2本。体長12mm。

◀ 雄成虫
複眼は亜成虫のときよりさらに大きくなる。前肢や2本の尾が亜成虫よりずっと長くなる。腹部先端のフォーセップも長くなり、はっきりと確認しやすくなる。翅は透明。体長12mm。

雌亜成虫
部の緑色は卵の色。複眼は扁
。翅は半透明で、前翅のつけ根
は濃褐色のラインがある（雄
成虫にもある）。雌にはフォー
ップがない。体長12mm。

雌成虫
部は鮮やかな緑色だが、産卵
は透明になる。胸部は成虫に
ってから時間が経つと、濃褐
に変わっていく。翅は透明。
長12mm。

マダラカゲロウ科トゲマダラカゲロウ属

オオマダラカゲロウ

Drunella basalis

きれい	少し汚れた	汚れた	非常に汚れた

スコア値 **9**

分布

環境 

場所 平瀬・石下・石間

時期 4月下旬～5月

体長 17mm

［特徴］頭部前縁に2本の長いツノがある❶。体は硬いヨロイを着ているように見える。トゲマダラカゲロウ属ではもっとも大きく、尾は3本❷。体の色合いや斑紋で種の判別はできない。

［生態］平瀬では、流心よりの比較的流れの速い場所で、石下や石の間をはい回っている。沈んだ落ち葉や付着藻類など、主に植物質のものを食べるが、弱った水生昆虫の幼虫などを襲うこともある。

◀ 雄亜成虫
がっしりした体で、腹部には赤っぽい斑紋が出やすい。尾は3本で、翅にメッシュ模様が入る。体長17mm。

マダラカゲロウ科アカマタラカゲロウ属

アカマダラカゲロウ

Uracanthella punctisetae

きれい	少し汚れた	汚れた	非常に汚れた

スコア値 **9**

分布

環境

場所 平瀬・石下・石間

時期 3月下旬〜10月

体長 7mm

［**特徴**］若い幼虫は褐色から淡褐色で、羽化間近の幼虫は濃褐色になる。尾は3本で太くて短い❶。頭部背面から胸腹部背面にかけて2本の太い淡色のラインがある❷。この2本のラインがいちばんの特徴で、同定の決め手となる。

［**生態**］石のすき間や下などをのそのそとはい回り、石や落ち葉に生える付着藻類や有機物片を食べる。泳ぎは下手で、くねくねするだけ。羽化は、午後後半に行われ、幼虫が水面に浮上して流されながら脱皮し（水面羽化）、亜成虫になる。

原寸

◀ 雄亜成虫

複眼は丸くて大きい。尾は3本で、後翅が丸い。体長からコカゲロウ（尾は2本）と間違えやすい。体長7mm。

マダラカゲロウ科トゲマダラカゲロウ属

ヨシノマダラカゲロウ

Drunella ishiyamana

きれい	少し汚れた	汚れた	非常に汚れた

スコア値 **6**

分布

環境 

場所 平瀬・石下・石間

時期 6月中旬～9月上旬

体長 11mm

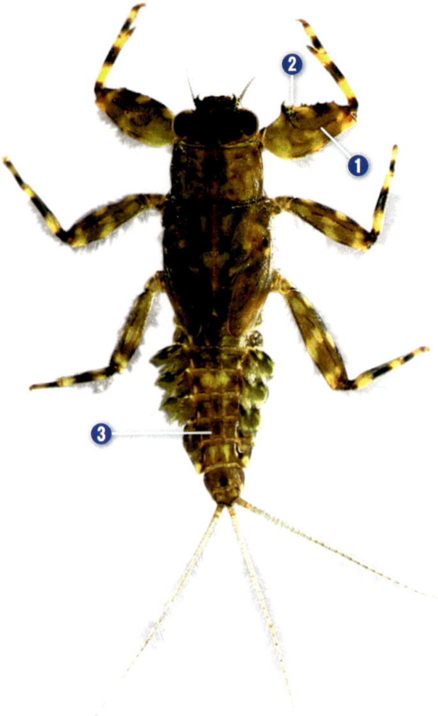

[特徴] 前肢腿節の背面に稜線が見えるのが識別ポイント❶。頭部前縁にツノが3本あるが、短くて見えにくい。前肢腿節前縁にはトゲが並ぶ❷。腹部背面にもトゲが2列ある❸。尾は3本で体は頑丈。

[生態] 平瀬流心部の石の間や、石下をはい回っている。植物食性だが、時には肉食も行う。トゲマダラカゲロウ属ではいちばん最後に羽化してくる種で、初夏から夏にかけてはごく普通に見られる。水がきれいな川であれば、生息数はかなり多い。

◀ 雌亜成虫

全体がグレー系の体色で、尾は3本。体長11mm。なお、よく似ていて腹が赤いのはフタマタマダラカゲロウ

モンカゲロウ科モンカゲロウ属

フタスジモンカゲロウ

phemera japonica

きれい	少し汚れた	汚れた	非常に汚れた

スコア値 **6**

分布

環境 

場所 平瀬・淵の砂底

時期 6〜9月

体長 20mm

[特徴] 腹部背面にある3本の細い線模様が特徴❶。細長い体形で、背面に毛のようにふさふさしたエラがある❷。羽化時期が初夏から秋までと長いため、さまざまな体長のものが同時に採集される。

[生態] 平瀬の石下などに堆積した砂の中に生息する。モグラのように頑丈な前肢をもち、U字状のトンネルを掘る。トンネル内でエラを波のように脈動させることによって水流を作り、有機物をトンネル内に吸い込んで食べる。

◀ 雌亜成虫
大形でクリーム色の美しいカゲロウ。翅に斑紋がないことや、腹部のライン模様が特徴。尾は3本。体長20mm。

コカゲロウ科コカゲロウ属

シロハラコカゲロウ

Baetis thermicus

きれい	少し汚れた	汚れた	非常に汚れた

スコア値 **6**

分布

環境

場所 平瀬・石側面

時期 3月中旬〜12月

体長 8mm

[特徴] 細長い体形。尾は3
で、真ん中の1本は両側の
よりもかなり短い❶。腹
側面には、木の葉状のエラ
第1腹節から第7腹節まで
右各1枚ずつある❷。同定
決め手は、尾に濃褐色の帯
がないことと、腹部背面の
紋❸。

[生態] 泳ぎが上手く、稚魚(ちぎょ)
見間違えることもある。
集時には、人影を見ると逃
てしまうことがあるので
注意。平瀬では、流心より
比較的流れの速いところ
多い。石表面に生える付
藻類を食べる。

◀ 雌亜成虫
体色が独特で、尾は2本。
後翅が細くて小さい。体長8mm。

カゲロウ科コカゲロウ属

ナホコカゲロウ

aetis saboensis

きれい	少し汚れた	汚れた	非常に汚れた

スコア値 6

分布

環境

場所 平瀬緩流部・石側面

時期 5〜6月、9〜10月

体長 7mm

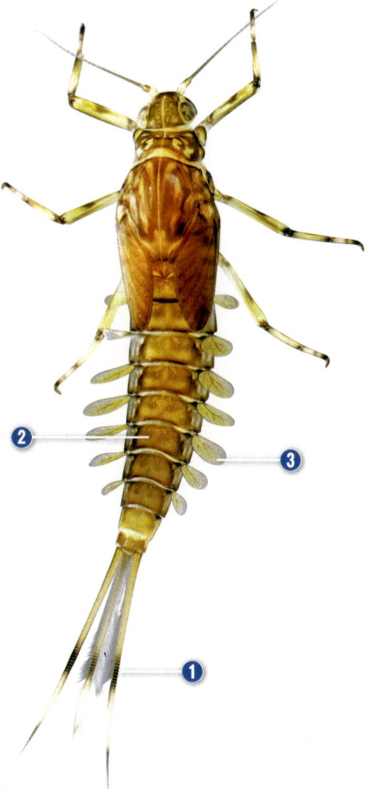

[特徴] 全身褐色系の体色。3本の尾は長さがほぼ等しく、中ほどに濃褐色の帯斑がある❶。腹部背面には特徴的な斑紋はなく❷、木の葉状のエラが、第1腹節から第7腹節まで左右各1枚ずつある❸。

[生態] 平瀬では、流心部よりも緩流部を好み、ヨシ群落中の流れにも多い。主に付着藻類などを食べる。比較的汚れた水質でも生息できるため、集落の中を流れる川や市街地を流れる川では、高い密度で見られることがある。

◀ 雄亜成虫
雌雄とも全体がクリーム色。尾は2本。後翅が細くて小さい。体長7mm。

コカゲロウ科コカゲロウ属

フタモンコカゲロウ

Baetis taiwanensis

きれい	少し汚れた	汚れた	非常に汚れた

スコア値 **6**

分布

環境 

場所 平瀬

時期 3月下旬～6月中旬、9月中旬～1月中旬

体長 6mm

［特徴］細長い体形で、シロ
ラコカゲロウ（p.26）によ
似ている。体長の半分より
い3本の尾をもち、尾には
褐色の帯斑がある❶。腹
第7、8節に濃褐色の斑紋
あるのがいちばんの特徴❷
［生態］ミカン大以上の底
のある平瀬に生息する。
心よりもやや緩流部を好む
石から石へ泳ぎ移りなが
石表面に生える付着藻類
食べる。秋以降に羽化す
個体は、体長5mmぐらい
小さい。水面羽化で亜成
になる。

◀ 雄亜成虫
腹部には幼虫と同じような濃褐色
がある。尾は2本。後翅が細長く小
い。体長6mm。

コカゲロウ科フタバカゲロウ属

フタバカゲロウ

Cloeon dipterum

きれい	少し汚れた	汚れた	非常に汚れた

スコア値 **6**

分布

環境 

場所 緩流部・抽水植物群生地

時期 4～11月

体長 10mm

[**特徴**] 細長い体形で、魚のように泳ぐことができる。コカゲロウの仲間によく似ているが、7対あるエラが各2枚ずつある点が違う❶。尾は3本で、濃褐色の太い帯斑とごく細い帯斑の両方をもつ❷。

[**生態**] 河川の緩流部や、湖沼などの止水域(しすいいき)にも生息し、学校のプールや水たまりで見つかることもある。特に水草の周りやヨシ群落内の流れを好む。羽化時期が長いため、幼虫は一年中見つかる。付着藻類を食べる。水面羽化で亜成虫になる。

◀ 雌亜成虫
複眼や体には複雑な斑紋がある。尾は2本で後翅がない。体長10mm。

カワカゲロウ科キイロカワカゲロウ亜属

キイロカワカゲロウ

Potamanthus formosus

きれい	少し汚れた	汚れた	非常に汚れた

スコア値 **8**

分布

環境 

場所 平瀬・石下

時期 6月中旬～9月上旬

体長 12mm

[特徴] 発達したアゴをもつの
が特徴で❶、頭部はカゲロウ
というよりもカワゲラに似
ている。エラも独特で、羽毛
のようにふさふさしており
腹部側面に6対ある❷。尾は
3本で❸、夏に見つけやすい。
[生態] 山地渓流の下流部か
ら下流域まで、広い水域の緩
流部に生息する。湖の沿岸で
見られることもある。幼虫は
石下や砂泥の中に浅く潜って
おり、生物の死骸や落ち葉な
ど、沈んだ有機物を食べる。
水面羽化で亜成虫になる。

◀ 雌亜成虫
目立つ黄色の亜成虫で、胸側面に赤褐
色のラインがある。体長12mm。

ヒトリガカゲロウ科チラカゲロウ属

チラカゲロウ

sonychia japonica

きれい	少し汚れた	汚れた	非常に汚れた

スコア値 **9**

分布 

環境 

場所 平瀬・石側面

時期 5月下旬〜10月

体長 18mm

［特徴］チョコレート色の硬質な体。頭部から腹部にかけての背面に特徴的な淡色のラインがある❶。前肢(ぜんし)にはブラシ状の長い毛が生えており❷、腹部には木の葉状とフサ毛状のエラがある❸。

［生態］速い流れに適応した種で、平瀬では流心の石側面などに生息する。チラカゲロウはエサの捕り方が独特でおもしろい。速い流れに身を乗り出して万歳をくり返し、流下してくる有機物を前肢のブラシ状の毛でキャッチして食べる❹。水際や陸上羽化で亜成虫になる。

◀ 雄亜成虫
全体がチョコレート色の大きなカゲロウ。尾は3本。体長18mm。

タニガワカゲロウ科タニガワカゲロウ属

シロタニガワカゲロウ

Ecdyonurus yoshidae

きれい	少し汚れた	汚れた	非常に汚れた

スコア値 **9**

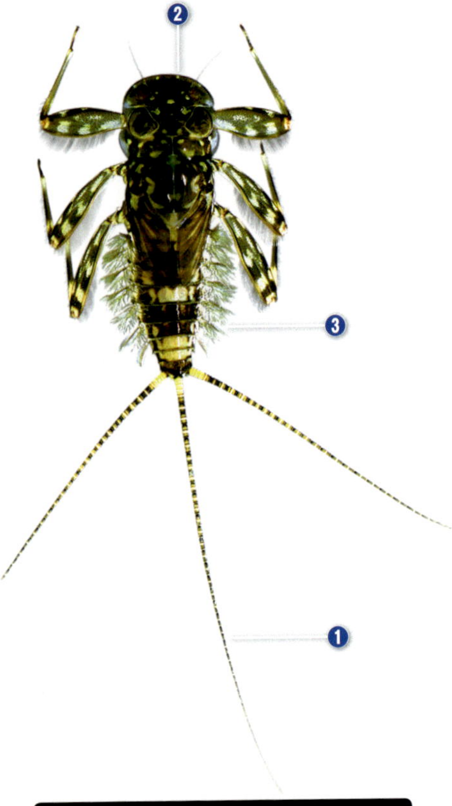

分布

環境

場所 平瀬緩流部・湖

時期 5〜11月

体長 12mm

[特徴] 平たく黒っぽい幼で、尾は3本❶。頭部前縁（ぜんえん）白点が4個並ぶ（これはルーペで確認できる）❷。木の状のエラの根本にはフサ状のエラがある❸。全国に生息数の多い普通種。

[生態] 穏やかな流れを好み平瀬緩流部から岸よりのれが止まっているような所まで、広範囲にわたって息する。石側面などをは回って付着藻類を食べる。た、湖では石礫底の沿岸部生息する。水中羽化で亜虫になる。

◀ 雄亜成虫
前肢と中肢のつけ根に濃褐色の斑がある。尾は2本。体長12mm。

ビイロカゲロウ科トビイロカゲロウ属

ナミトビイロカゲロウ

araleptophlebia japonica

きれい	少し汚れた	汚れた	非常に汚れた

スコア値 **9**

分布

環境 

場所 平瀬緩流部・岸際

時期 4月下旬～7月

体長 7mm

[**特徴**] 細長い体形で、濃褐色の幼虫。この体色は、亜成虫や成虫になっても変わらない。腹部の横でゆらゆら揺れている糸のようなエラは、先が2つに分かれている❶。尾は3本で❷、泳ぐのはかなり上手い。

[**生態**] 平瀬では、流心よりも緩流部や岸際などに生息する。石のすき間や沈んだ落ち葉の中にいて、付着藻類や落ち葉など植物質のエサを食べる。水がきれいな川の落ち葉だまりなどでは、高密度で生息していることがある。水面羽化で亜成虫になる。

◀ 雄亜成虫
細長い体形で、後翅が丸い。尾は3本。体長7mm。

フタオカゲロウ科フタオカゲロウ属

ナミフタオカゲロウ

Siphlonurus sanukensis

きれい	少し汚れた	汚れた	非常に汚れた	スコア値
				9

分布

環境 

場所 平瀬岸際・水たまり・抽水植物群生地

時期 4月中旬～7月中旬

体長 20mm

ヨシノフタオカゲロウ
幼虫（体長18mm）

［特徴］細長い体形で、濃褐
の帯斑のある3本の尾をも
❶。エラは大きく、第1・第
エラは2枚ずつある❷。腹
には木の枝状の斑紋があ
が❸、同属のオオフタオカ
ロウやヨシノフタオカゲロ
にも同様の斑紋があり、種
区別は難しい。
［生態］流れの遅い場所や
水を好み、河川敷にできた
たまりに群れをなしてい
こともある。ヨシノボリ
どの魚と区別できないほ
上手に早く泳ぐ。羽化す
ときは、水面から突き出し
岩やヨシなどに登り、陸上
化で亜成虫になる。

原寸

◀ 雄亜成虫
尾は2本で、後翅も非常に大きい。
体長20mm。

ヒメフタオカゲロウ科ヒメフタオカゲロウ属

ヒメフタオカゲロウ

meletus montanus

きれい	少し汚れた	汚れた	非常に汚れた

スコア値 —

分布

環境

場所 平瀬岸際

時期 4月中旬～6月上旬

体長 13mm

[特徴] 細長い体形で、幅広い濃褐色の帯斑がある3本の尾をもつ❶。腹部には木の葉状のエラが1枚ずつつく❷。

[生態] 平瀬では、流心よりも岸際のごく流れの遅い場所や落ち葉が沈んだ浅いプールを泳ぎ回り、落ち葉や石表面に生える付着藻類を食べる。羽化するときは、午後の遅い時間から岸辺の石などに登り、陸上羽化で亜成虫になる。

◀ 雄亜成虫

複眼上部が黄色いキャップをかぶったように見える。体長13mm。

ヒメシロカゲロウ科ヒメシロカゲロウ属

ヒメシロカゲロウ

Caenis sp.

きれい	少し汚れた	汚れた	非常に汚れた

スコア値 **7**

分布

環境 

場所 平瀬

時期 4〜9月

体長 3mm

[特徴] ずんぐりと太い体形の非常に小さな幼虫。極細の尾を3本もつ。腹部背面に大きな四角いエラが1対あるのが大きな特徴❶。全体がよく似て、頭部に3本のツノがあるのはミツトゲヒメシロカゲロウ。

[生態] 河川に広く生息し、山地渓流下流部から平地渓流の水面がフラットな平瀬には非常に多い。夕方ごろ水面羽化で亜成虫になり、ほどなくもう一度脱皮して成虫になる。成虫はすぐに交尾・産卵をして死んでしまう。

原寸

◀ 雄亜成虫
煙のように大量羽化することも珍しくない。体長3mm

モンカゲロウ科モンカゲロウ属

モンカゲロウ

'phemera strigata

きれい	少し汚れた	汚れた	非常に汚れた

スコア値 9

分布

環境

場所 淵や平瀬の砂地・湖

時期 4〜6月

体長 27mm

トウヨウモンカゲロウ
幼虫（体長20mm）

［特徴］肢（あし）は短く❶体が細長い幼虫で、頭にはツノがある❷。尾は3本で、腹部背面にふさふさした毛のようなエラがある。腹部背面の濃褐色の斑紋❸で、同属のフタスジモンカゲロウ（p.25）やトウヨウモンカゲロウなどと見分けられる。

［生態］砂底や石のすき間にたまった砂地などに、U字形のトンネルを掘ってその中に入っている。エラを使って水流を起こし、水中の有機物をトンネル内に吸い込んで食べる。水面羽化で亜成虫になる。

◀ 雄亜成虫
大形で尾は3本。
翅に斑紋が入る。
体長25mm

シロイロカゲロウ科

オオシロカゲロウ

Ephoron shigae

きれい　少し汚れた　汚れた　非常に汚れた

スコア値 **8**

分布

環境

場所　平瀬・淵

時期　8月下旬〜9月

体長　20mm

[特徴] カゲロウらしくない、先のとがった大きなアゴをもつ大きな幼虫❶。腹部側面にふさふさした長いエラがあり❷、尾は3本。大きな河川の平地流に生息しており、9月の夕暮れから夜にかけて大量羽化し、街灯に大群で飛来して車のスリップ事故の原因になるなど、問題を起こすことがある。

[生態] 幼虫は、川底の砂や泥の中にU字形のトンネルを掘ってその中に入っている。水面羽化した亜成虫は成虫にならずに産卵し、羽化後ほどなく死んでしまう。地域によってはメスのみで繁殖するグループもある。

▲ 雌亜成虫
翅に斑紋はなく、飛ぶのは下手。
体長20mm。

カワゲラ科キカワゲラ属

キカワゲラ

Acroneuria fulva

きれい	少し汚れた	汚れた	非常に汚れた

スコア値 **9**

分布

環境

場所 平瀬・石下

時期 7〜8月

体長 30mm

▲ 成虫
濃い黄色の大形成虫で、翅は4枚。体長30mm、全長40mm。

特徴］斑紋のコントラストがはっきりした大形のカワゲラ。腹部先端付近第9、10腹節）は淡色❶。同定には、尾に長い毛が生えていないこと、肛門付にフサ毛状のエラがないこと❷、頭部隆起線(りゅうきせん)がないこと❸を確認する。

生態］平瀬流心部に生息するが、水がきれいでメロン大以上の浮き石がある、いう条件がそろわないと見つからない。キカワゲラが生息していれば、河環境のすぐれた山地渓流といえる。陸上羽化で成虫になる。

カワゲラ科フタメカワゲラ属

フタメカワゲラ

Neoperla sp.

きれい	少し汚れた	汚れた	非常に汚れた

スコア値 9

分布

環境 

場所 平瀬・石下

時期 4〜9月

体長 16mm

[特徴] 別名フタツメカワゲラ。カワゲラ科の中ではもっとも生息域が広く、生息数も多い中形のカワゲラ。通常は3つある単眼が2つしかないことが決定的な特徴で、わかりやすい❶。肛門にはエラがあり❷、はっきりした頭部隆起線がある❸。少し汚れた川でも見られることがある。

[生態] 山地渓流から平地流にかけての平瀬に生息する。平瀬では、流心よりも緩流部を好み、石と石の間や沈んだ落ち葉の中をはい回っている。肉食性で、ほかの水生昆虫を食べる。陸上羽化で成虫になる。

▲ 成虫

単眼が2つしかない成虫で、よく似た同属が数種いる。体長16mm、全長22mm。

ワゲラ科オオヤマカワゲラ属

オオヤマカワゲラ

yamia sp.

きれい	少し汚れた	汚れた	非常に汚れた

スコア値 **9**

分布

環境

場所 平瀬・石下

時期 5～6月

体長 30mm

［特徴］濃褐色の大形幼虫で、頭部の斑紋が見分けるポイント❶。尾は2本で長い毛は生えていない。エラは尾と肢の付け根にあり、フサ毛状❷。頭部隆起線はクッキリと見える❸。

［生態］幼虫は平瀬の比較的大きな浮き石の下などをはい回っており、弱った幼虫などを食べる肉食性。2～3年かけて成長した幼虫は、初夏に川岸の大きな石の上などに登って陸上羽化する。羽化時期には、石の上で脱皮殻を見つけられる。

成虫

身が黒に近い濃褐色で、翅の縁だけが淡色。

長30mm、全長40mm。

カワゲラ科カワゲラ属

カワゲラ

Kamimuria tibialis

きれい	少し汚れた	汚れた	非常に汚れた

スコア値 **9**

分布

環境

場所 平瀬・石下

時期 5〜6月

体長 22mm

[特徴] 別名ナミカワゲラ、
称カミムラカワゲラ。日
各地に普通に生息してい
やや大形のカワゲラ。頭
にクッキリしたM字形の
紋があり❶、見分ける大き
ポイント。はっきりとし
頭部隆起線(りゅうきせん)があり❷、肢(あし)の
け根にはフサ状のエラが
る❸。尾は2本で長い毛は
く、肛門にエラはない。
[生態] 幼虫は肉食性で、平
の石下などをはい回ってい
る。河川での生息数は比
的多い。幼虫は2年かけて
長した後、初夏に水際の大
な石などに登って陸上羽
する。羽化した脱皮殻でも
種を同定することができる

▲成虫
翅や脛節が淡褐色で大きな黒っぽいカワゲラ。
体長22mm、全長27mm。

ミメカワゲラ科コグサヒメカワゲラ属

コグサヒメカワゲラ

trovus sp.

きれい	少し汚れた	汚れた	非常に汚れた

スコア値
9

分布

環境 

場所 平瀬・石下・石間

時期 4〜5月

体長 14mm

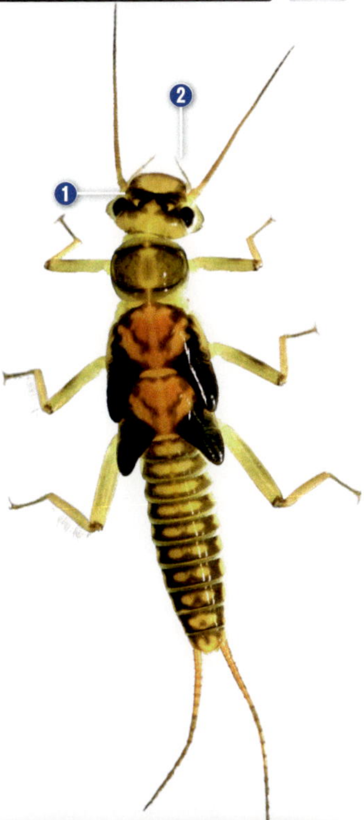

[特徴] 黄色く、やわらかな印象のカワゲラ。頭部には、複眼の一部を囲むように濃褐色斑がある❶。エラは体のどこにもない。口器(小アゴ)は、カニのツメ状で無毛❷。よく似ているヒメカワゲラ属は、頭部腹側に指状のエラが1対ある❸。

[生態] 水がきれいで、日当たりのよい平瀬に多数生息する。リンゴ大からメロン大の底石のある場所を好む。釣り人の間では「キンパク」と呼ばれ、釣りエサとしてよく使われる。

▲成虫
(翅)のつけ根や翅縁の一部がクリーム色。
(体)長14mm、全長17mm。

▼ヒメカワゲラ属のエラ

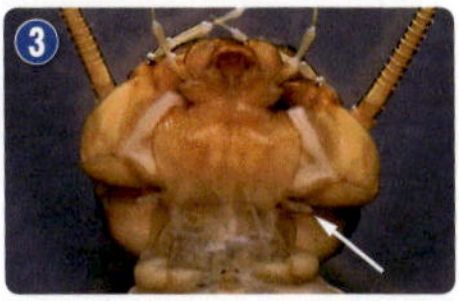

オナシカワゲラ科オナシカワゲラ属

オナシカワゲラ

Nemoura sp.

きれい | 少し汚れた | 汚れた | 非常に汚れた

スコア値 6

分布

環境 

場所 平瀬・石下・石間

時期 3月中旬～10月

体長 8mm

［特徴］幼虫には長い尾が2本あるが、成虫になると尾の長さが1節だけとごく短くなるため、ほとんど見えなくなる。体にエラはなく（特に頭部と胸部付近は要チェック❶）、前に比べて後ウイングパッドが三角形で幅広くなっている❷。

［生態］平瀬では、流心よりも緩流部や岸際を好み、石の間や沈んだ落ち葉の中を歩き回っている。落ち葉など植物質のものを食べる。羽化するときは、水際の石に登って陸上羽化で成虫になる。

▲成虫
尾はほとんど見えないほど短い。
体長8mm、全長11mm。

カワゲラ科トウゴウカワゲラ属

キベリトウゴウカワゲラ

ogoperla limbata

きれい	少し汚れた	汚れた	非常に汚れた

スコア値 **9**

分布

環境

場所 平瀬

時期 6〜8月上旬

体長 30mm

成虫
の淡色部が大きな特徴。
長27mm、全長33mm

［特徴］水のきれいな山地渓流や山地細流に生息する大形のカワゲラ。頭部の斑紋❶や隆起線❷、肛門にエラがないこと❸などが種を見分ける手がかりになる。幼虫は、オオヤマカワゲラ（p.41）によく似ている。

［生態］平瀬では、流心よりも緩流部を好み、メロン大以上の底石の下をはい回り、ほかの水生昆虫などを捕食する。幼虫は、2〜3年かけて成長し、6〜8月にかけての夕方、陸上羽化で成虫になる。

ミドリカワゲラ科セスジミドリカワゲラ属
セスジミドリカワゲラ
Sweltsa sp.

きれい	少し汚れた	汚れた	非常に汚れた	スコア値
■■				**9**

分布

環境

場所 平瀬

時期 4月中旬～6月

体長 8mm

[特徴] 体形は細長く、尾は太くて短い❶。丸っぽいウイングパットは、種を見分けるための手がかりになる❷。体の斑紋ははっきりせず、羽化直前まで同属内では見分けがつかない。

[生態] 水のきれいな山地渓流から平地渓流の平瀬に生息する。幼虫は肉食性で、石の下やすき間をはい回ってほかの水生昆虫などを食べる。初夏の日中、幼虫は水面から突き出た岩や、川岸の大石などに登って陸上羽化をする。羽化途中から羽化直後の成虫は、レモンイエローでとても美しい。

原寸

◀ 成虫
カワゲラには珍しく翅が透明。
体長8mm、全長11mm

カワゲラ科クラカワゲラ属（オオクラカワゲラ属）

スズキクラカワゲラ

Paragnetina suzukii

きれい	少し汚れた	汚れた	非常に汚れた

スコア値 9

分布

環境 

場所 平瀬

時期 7～8月

体長 30mm

オオクラカワゲラ
幼虫（体長33mm）

▲成虫
各肢は全体が褐色。体長30mm、全長42mm

[特徴] 大形のカワゲラ。頭部には隆起線があり❶、肢の付け根にエラがある❷。肛門にエラはない。よく似たオオクラカワゲラは、最高水温20℃以下の山地渓流上流部に生息する。

[生態] 平瀬では、流心寄りの大きな浮き石の下にいて、ほかの水生昆虫を捕らえて食べる肉食性。幼虫は、2～3年かけて成長し、夕方ごろに川岸の大きな石などに登って陸上羽化で成虫になる。成虫は、夜になると自動販売機などの明かりによく飛んでくる。

カワゲラ科ヤマトカワゲラ属

ヤマトカワゲラ

Niponiella limbatella

きれい	少し汚れた	汚れた	非常に汚れた

スコア値 **9**

分布

環境 

場所 落ち葉だまり

時期 6～8月

体長 20mm

[特徴] 中形のカワゲラで、
全体に斑紋はなく、やや濃
褐色。胸と肛門にエラがあ
❶。頭部隆起線はない。
[生態] 水質がよいことはも
ちろんだが、年間を通して
温の低い流れに生息する。
ち込みやサイドプール、緩
部に沈んだ落ち葉の重な
た中にいて、ほかの水生昆
を捕まえて食べる肉食性。
～3年かけて成長するため
幼虫は一年中見られる。
上羽化で成虫になる。

◀ 成虫
頭部から胸・翅に淡色部がある。
体長17mm、全長22mm

ミンカワゲラ亜科コナガカワゲラ属

コナガカワゲラ

ibosia sp.

きれい	少し汚れた	汚れた	非常に汚れた

スコア値 **9**

分布

環境

場所 平瀬

時期 6～8月

体長 14mm

［特徴］細長い幼虫で、大きな複眼のほか非常に小さな単眼を2つもつ。特徴的な斑紋はなく、胸と尾の付け根にエラがある❶。同属幼虫が4種以上いるが、羽化直前まで見分けることはできない。

［生態］リンゴ大以下の石がいくつも積み重なっているような平瀬の底石のすき間にいる。一般的な水生昆虫は、底石周辺で見つかるが、この幼虫は、底石のさらに下へ潜り込んでいる。肉食性。陸上羽化で成虫になり、明かりにもよく飛んでくる。

原寸

◀ キアシコナガカワゲラの成虫
体長12mm、全長15mm

ヒゲナガカワトビケラ科ヒゲナガカワトビケラ属

ヒゲナガカワトビケラ

Stenopsyche marmorata

きれい ｜ 少し汚れた ｜ 汚れた ｜ 非常に汚れた

スコア値 9

分布

環境 

場所 早瀬・平瀬・石間

時期 3月中旬～10月

体長 38mm

[特徴] 大形の幼虫で、頭部
細長く❶、先端にある口器
近くに目がある❷。体色
濃いオリーブ色から濃褐
系で、体にエラはない。
[生態] 河川に広く生息し
おり、大きな石の間に口か
出した絹糸で逆三角形の
ットを張り、その下に小石
集めた巣を作る。流下し
きた藻類や落ち葉などの
機物をネットで集めて食
る。水面羽化で成虫になる。

◀ 成虫
複雑なまだら模様の大きな成虫。
体長20mm、全長27mm。

マトビケラ科シマトビケラ属

ウルマーシマトビケラ

ydropsyche orientalis

きれい	少し汚れた	汚れた	非常に汚れた

スコア値 **7**

分布

環境 

場所 平瀬・石間・石表面

時期 4〜11月

体長 14mm

［**特徴**］頭部は濃褐色で、複眼の回りのみ淡色❶。前胸・中胸・後胸は硬くて濃褐色。腹部は濃オリーブ色や濃グリーン褐色など、個体差がある。腹部下側にはエラが並び、それぞれが木の枝状に分かれている❷。

［**生態**］流水中の石のくぼみや石の間に口から出した絹糸でネットを張り、その根元に小さな石で巣を作る。流下してくる藻類や落ち葉などの有機物をネットで集めて食べる。水面羽化で成虫になる。

原寸

◀ 成虫
翅には非常に細かい
淡褐色の斑点がたくさんある。
体長9mm、全長12mm。

シマトビケラ科オオシマトビケラ亜科

オオシマトビケラ

Macrostemum radiatum

きれい	少し汚れた	汚れた	非常に汚れた

スコア値 **7**

分布

環境 

場所 平瀬・石側面の下

時期 5〜9月

体長 20mm

［**特徴**］頭部は、頭頂部がけずり落とされたように平らになっている❶。腹部下側には、細くたくさん枝分かれしたエラがある❷。地域によって分布が限定的になる傾向があり、関東地方ではほとんど見られない。

［**生態**］平瀬のリンゴ大以上の石側面の下に、砂粒を寄せ集めた巣を作り、その中に潜んでいる。巣の中に口から出した絹糸で目の細かな網を張り、巣の中を通る水から有機物をネットで集めて食べる。水面羽化で成虫になる。

◀ 成虫
翅のライン模様に特徴がある。
体長11mm、全長15mm。

シマトビケラ科コガタシマトビケラ属

コガタシマトビケラ

Cheumatopsyche brevilineata

きれい	少し汚れた	汚れた	非常に汚れた

スコア値 **7**

分布

環境 

場所 平瀬・湖の岸辺

時期 4〜11月

体長 7mm

［特徴］幼虫は、山地渓流から平地渓流、平地流、下流、湖まで広く生息しており、少し汚れた水質にも耐えられる。頭部前縁がノッチ状に凹んでいる❶。腹部にはふさふさした白いエラがある❷。体はウルマーシマトビケラ（p.51）とよく似ている。

［生態］石の間や石表面などにごく小さな石で巣を作り、その前にネットを張り出している。流下してきた藻類や植物破片などの有機物をネットで集めて食べる。湖でも、石があるような沿岸では見られる。水面羽化で成虫になる。

原寸

◀ 成虫
翅には細かい淡褐色の斑点がたくさんある。
体長6mm、全長8mm。

ナガレトビケラ科ナガレトビケラ属

ムナグロナガレトビケラ

Rhyacophila nigrocephala

きれい	少し汚れた	汚れた	非常に汚れた

スコア値 **9**

分布

環境 

場所 平瀬・石下・石間

時期 5〜10月

体長 18mm

[特徴] 体は細長く、薄いエメラルドグリーン。頭が黒く細長いのが大きな特徴で、胸部は前胸だけが黒い❶。体には細い毛は見られるが、エラはまったくない❷。よく似た種に、頭部が褐色で平たいヒロアタマナガレトビケラ(p.62)がいる。

[生態] 肉食性で、ほかの水生昆虫を捕食する。幼虫時代は巣を作らず、石の間や石の下などをはい回っている。蛹(さなぎ)になるときは小石をレモン形に集め、その中に茶褐色のマユを作って入る。陸上羽化で成虫になる。

原寸

◀ 成虫
濃褐色の翅には小さな斑点がたくさんある。体長7.5mm、全長9.5mm。

ヤマトビケラ科ヤマトビケラ属

ヤマトビケラ

lossosoma sp.

きれい ｜ 少し汚れた ｜ 汚れた ｜ 非常に汚れた

スコア値 9

分布

環境 

場所 早瀬・平瀬・石表面・石側面

時期 3～11月

体長 7mm（ケース長）

［**特徴**］小さな石を集めて作られた、おまんじゅう形（楕円）のケースに入っている。ケース下面は平らで穴が2つあり、1つの穴から頭部と肢を出して歩き回る。日本でもっとも普通に見られるトビケラで、羽化時期も長い。

［**生態**］石表面に生える付着藻類を食べており、比較的大きい石を好む。生息地では、流心部から岸よりの緩流部まで広く生息している。蛹になるときは、石側面や下面に巣を固着するが、その際、集団で蛹化する習性がある。陸上羽化で成虫になる。

 原寸

◀ 成虫
濃褐色の翅には微妙な濃淡がある。体長4.5mm、全長7mm。

カクツツトビケラ科カクツツトビケラ属

コカクツツトビケラ

Lepidostoma sp.

きれい	少し汚れた	汚れた	非常に汚れた

スコア値 9

分布

環境 

場所 石間・よどみ・落ち葉だまり

時期 4月下旬～10月

体長 12mm（ケース長）

［特徴］落ち葉を四角に切
取ったものをパッチワー
し、四角柱形のケースを作
小さいころは長さ2～3m
のケースを砂粒だけで作
が、その後、成長するにした
って落ち葉を張りつけ、や
て落ち葉だけのケースと
る。同属種が多数いる。
［生態］ケースに入ったまま
き回り、石の間にたまっ
り、よどみに沈んだ落ち葉
直接かじって食べる。蛹（さなぎ）に
るときは、落ち葉や石下に
ースを固定する。陸上羽
で成虫になる。

原寸

◀ 雄成虫
触角のつけ根に
毛がふさふさと生えている。
体長6mm、全長8mm。

ンギョウトビケラ科ニンギョウトビケラ属

ニンギョウトビケラ

oera japonica

きれい	少し汚れた	汚れた	非常に汚れた

スコア値 —

分布

環境

場所 平瀬・石表面・石側面

時期 3月中旬～12月

体長 14mm（ケース長）

［特徴］ケースは、小さな石粒で作られた寝袋形。腹側にゆるくカーブしているタイプが多い。ケースの両側面にやや大きめの石粒を3個ずつつけるのが特徴で❶、他種と見分ける際に大きな識別ポイントとなる。

［生態］ケースに入ったままはい回り、石表面に生える付着藻類を食べる。ケースが重くて鈍そうだが、逃げ足はとても速く、危険を感じるとポトンと落下して底石の間に隠れてしまう。ケースの重さが実によく役立っているのだ。陸上羽化で成虫になる。

原寸

◀ 成虫
全体が淡褐色で斑紋などはない。
体長10mm、全長14mm。

クダトビケラ科クダトビケラ属

クダトビケラ

Psychomyia sp.

きれい	少し汚れた	汚れた	非常に汚れた

スコア値 **8**

分布

環境 湖沼

場所 平瀬・石側面

時期 5～10月

体長 4mm

[特徴] イモムシ形の幼虫で
3対の肢をもち体にエラは
い❶。肉眼ではユスリカ
虫（p.73）などと区別がつ
ないほど小さい。
[生態] リンゴ大以上の石
岩盤の凹みなどに、口から
した絹糸でごく小さな砂
つなぎ合わせて細いトン
ル状の巣を作り、その中に
んでいる。巣から体の一
を出して周囲の付着藻類
食べる。成長した幼虫は
の中でマユを作り、その中
蛹になる。羽化するときは
蛹が水面まで泳ぎ出て水
羽化で成虫になる。

原寸

◀ 成虫
翅には長い毛が生えている。
体長3.5mm、全長4.5mm。

クスイトビケラ科マルツツトビケラ属

マルツツトビケラ

icrasema sp.

きれい	少し汚れた	汚れた	非常に汚れた

スコア値 **10**

分布

環境 湧水流

場所 平瀬・石表面

時期 4〜7月

体長 8mm（ケース長）

［特徴］幼虫は非常に小さな砂粒や植物片で作られた円筒形のケースに入っている❶。ケースは、種によってまっすぐなタイプと少しカーブしたタイプがある。幼虫の頭は、ケース断面と同じでまん丸❷。

［生態］幼虫は、底石側面や水中の植物上を移動しながら付着藻類を食べる。成長した幼虫は、口から出した絹糸でケースを石や流木などに固定し、その中で蛹(さなぎ)になる。羽化するときは、蛹が水面まで浮き上がって水面羽化で成虫になる。

◀ 成虫
翅には斑紋がなく黒に近い濃褐色。
体長4.5mm、全長6mm

エグリトビケラ科トビモンエグリトビケラ属

クロモンエグリトビケラ

Hydatophylax nigrovittatus

きれい	少し汚れた	汚れた	非常に汚れた

スコア値 **10**

分布

環境 

場所 平瀬・淵・岸辺

時期 5～6月

体長 25mm（ケース長35mm

［特徴］小さな幼虫は植物片だけでケースを作り、その後成長すると、砂粒に葉片と枝を添えてケースを作るようになる。北海道には、植物片だけでケースを作る同属のトビモンエグリトビケラなど3種がいる。

［生態］流れの穏やかなところを長い肢を使って活発に移動し、付着藻類や死んだ虫などを食べる。幼虫は、ケースを石側面下などに固定し、その中で蛹になる。羽化するときは、岸辺の石や植物に登って陸上羽化で成虫になる。

◀ 成虫
翅には微妙な斑紋がある。
体長16mm、全長19mm

ヒゲナガトビケラ科アオヒゲナガトビケラ属

アオヒゲナガトビケラ

Mystacides azureus

きれい	少し汚れた	汚れた	非常に汚れた

スコア値 **8**

分布

環境 

場所 平瀬・落ち葉だまり・抽水植物群落

時期 6〜10月

体長 7mm（ケース長18mm）

［**特徴**］砂粒や植物片で作った円筒形のケースには、細い木の枝などを前方へ突き出すようにつける❶。また、細い植物片をケース本体に添えるように数本つける❷。ケースから出ている前肢（ぜんし）は非常に長く、しま模様がある❸。

［**生態**］長い前肢を使って活発に移動し、付着藻類などを食べる。幼虫は、ケースを石側面下などに口から出した絹糸で固定し、ケースの中で脱皮して蛹（さなぎ）になる。羽化するときは、蛹がスイスイと流れを泳いで岸に上がり、陸上羽化で成虫になる。

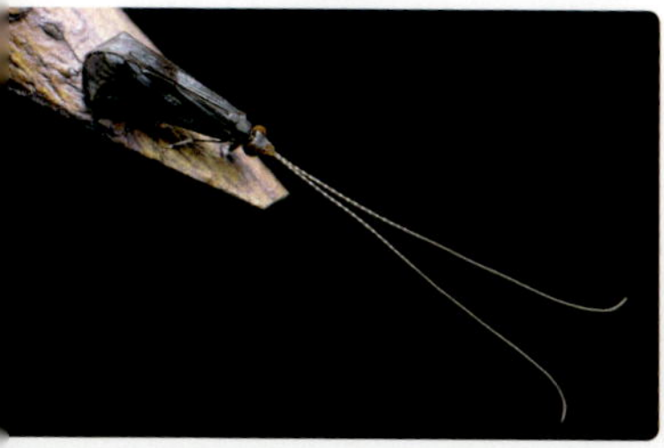

◀ 成虫
前翅の先が内側に丸まっている。
体長6mm、全長8mm

ナガレトビケラ科ナガレトビケラ属

ヒロアタマナガレトビケラ

Rhyacophila brevicephara

きれい	少し汚れた	汚れた	非常に汚れた

スコア値 9

分布

環境 

場所 平瀬・石下

時期 4～6月、8～9月

体長 14mm

［特徴］ケースや巣をもたない明るい緑色のきれいなイモムシ形幼虫。肢(あし)は3対で❶エラは体のどこにもない。頭部は褐色で幅が広い❷。普通種で、河川に広く生息しており、生息数も多い。

［生態］底石のすき間や石下をはい回り、弱ったり死んだ水生昆虫を食べる肉食性。成長した幼虫は、底石の下面に小石を球状に寄せ集め、中にマユを作って蛹(さなぎ)になる。羽化行動中の蛹は泳ぎがうまく速い流れを渡って岸に上がり、陸上羽化で成虫になる。

◀成虫
翅には淡色の斑点がある。
体長8mm、全長11mm

サナエトンボ科サナエトンボ属

コオニヤンマ

Sieboldius albardae

きれい	少し汚れた	汚れた	非常に汚れた

スコア値 7

分布

環境

場所 平瀬・ヨシ群落・湖

時期 6～9月

体長 39mm

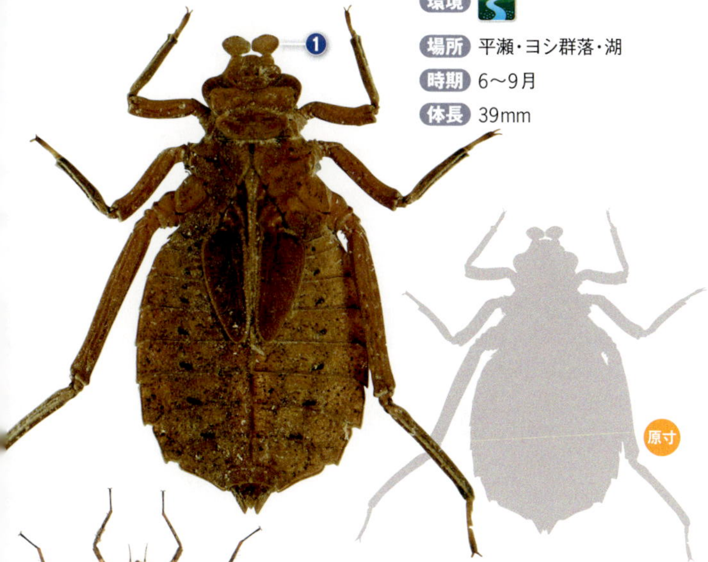

コヤマトンボ幼虫（体長30mm）

成虫

腹部には黄色の太い斑紋が並ぶ。体長8.5mm。

［特徴］扁平（へんぺい）で落ち葉のように見えるヤゴで、わかりやすい種。肢（あし）は非常に長い。体色は、ほとんどが枯れ葉のような赤褐色で、触角は楕円形で大きい❶。ほかに肢が長くて似た名前のコヤマトンボがいるが、これは触角が針状で容易に見分けられる。

［生態］渓流の石下に生息している。ほかの水生昆虫を長く延びる下唇（かしん）で捕らえて食べる。コオニヤンマのように長い尾をもたないヤゴは、お尻から水を吸い込み、体内にあるエラで呼吸している。

サナエトンボ科サナエトンボ属

ダビドサナエ

Davidius nanus

きれい	少し汚れた	汚れた	非常に汚れた

スコア値 **7**

分布

環境 

場所 平瀬・ヨシ群落・堆積した落ち葉の中

時期 5～7月

体長 20mm

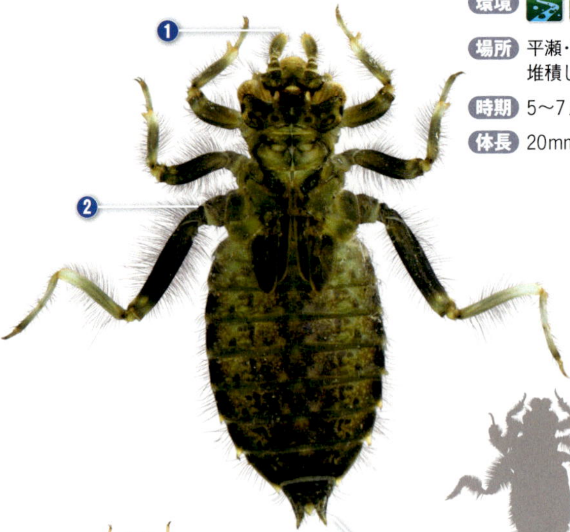

クロサナエ幼虫
（体長20mm）

▲成虫
胸側面にある2本の黒いラインがはっきりしている。体長45mm。

[特徴] 触角は人間の足跡の
形をしており、もっとも大きな
特徴❶。ずんぐりした体形で
体中に毛が生えている❷。
は短くとがっており、遠目に
はないように見える❸。よく
似た幼虫に、山地渓流だけに
すむクロサナエがいる。

[生態] 渓流に生息するトン
ボ幼虫。砂や泥、落ち葉の中
などに潜っており、採集時に
はゴミだらけになって見つ
かることが多い。ユスリカ
などの水生昆虫を捕食する
肉食性。腹部先端から水を
を吹き出して進む。

ワトンボ科カワトンボ属

ハグロトンボ

alopteryx atrata

きれい	少し汚れた	汚れた	非常に汚れた

スコア値 **7**

分布

環境 

場所 水草の中・ヨシ群落

時期 5〜10月

体長 25mm

［特徴］細長い体形で、肢が長いトンボの幼虫。触角は頭の幅より長い❶。尾は3本で、柳の葉のような形で先がとがっている❷。尾はエラになっており、ここから酸素を取り入れて呼吸する。

［生態］山地に近い渓流から平地流まで、割と広く生息している。水生植物にまぎれており、ほかの水生昆虫を伸縮する下唇で捕らえて食べる。成虫も細長い体形で、黒い翅を体に垂直に折り畳んで静止する。

成虫
っ黒な翅と輝く青緑色の体が
れいなトンボ。体長65mm。

ヘビトンボ科

ヘビトンボ

Protohermes grandis

きれい	少し汚れた	汚れた	非常に汚れた

スコア値 **9**

分布

環境

場所 平瀬・石下

時期 6～8月

体長 60mm

▲ 成虫
頭胸部や翅の斑紋は黄色。
体長45mm、全長55mm。

[特徴] 頭は赤褐色で大きく、頑
な大きいアゴをもつ❶。腹部に
肢がたくさんあるように見えるが
実はこれがエラである❷。エラ
は羽毛のような芯があり、その
りはフサ毛状になっている❸。
太郎虫とも呼ばれている。
[生態] 水生昆虫最大の捕食者で
ほかの水生昆虫をエサにしている
メロン大より大きい石下に生息し
幼虫期間は2～3年。羽化する前
なると上陸し、土の中に穴を掘
て蛹になる。

ムカシトンボ科ムカシトンボ属

ムカシトンボ

piophlebia superstes

きれい | 少し汚れた | 汚れた | 非常に汚れた

スコア値 9

分布 北海道、本州、四国、九州

環境

場所 平瀬・石下

時期 4～6月

体長 40mm

特徴と生態］世界で日本にしかいない固
有種。腹部の側面にヤスリ状の発音器があ
り、「ギシギシ」と鳴くのが本種だけの特
徴。また、幼虫は最長8年がかりで成虫に
なるため、良好な河川環境が長く維持され
ないと、生息できない。

原寸

ヒメゲンゴロウ亜科モンキマメゲンゴロウ属

モンキマメゲンゴロウ

Platambus pictipennis

きれい | 少し汚れた | 汚れた | 非常に汚れた

スコア値 5

分布 北海道、本州、四国、九州

環境

場所 平瀬・岸際・抽水植物群落

時期 3～10月

体長 8mm

特徴と生態］尾は2本でカワゲラ？ いや雰
囲気はカゲロウ？ そんな不思議な印象をも
つ幼虫。山地渓流にすむこともあり、まさ
かゲンゴロウの仲間だとは思えない。体に
エラはなく、ウイングパッドもない。水生
昆虫を捕食する肉食幼虫。

原寸

ホタル科ゲンジボタル属

ゲンジボタル

Luciola cruciata

きれい	少し汚れた	汚れた	非常に汚れた

スコア値 **6**

分布 北海道、本州、四国、九州

環境

場所 平瀬・石下

時期 6～7月

体長 25mm

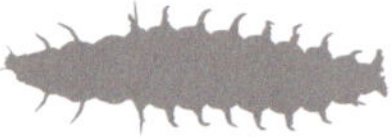

原寸

[特徴と生態] 前胸背面に濃褐色の楕円形斑紋がある。渓畔に平地と山があるような流れで、主にカワニナ (p.78) を食べて成長する。成長した幼虫は、春の雨の日に集団で川岸に上陸し、土の中に潜ってマユを作り蛹になる。成虫は水際のミズゴケに産卵する。

ナベブタムシ科

ナベブタムシ

Aphelocheirus vittatus

きれい	少し汚れた	汚れた	非常に汚れた

スコア値 **7**

分布 本州、四国、九州

環境

場所 平瀬・砂地

時期 一年中

体長 10mm

[特徴と生態] 丸くて平らな体形で、ナベブタというよりもコインのような印象。一生を水中へ潜って過ごし、成虫でも翅のある長翅型と、翅が短くてないように見える単翅型がある。水中での動きは活発で、ほかの水生昆虫を捕食する肉食昆虫。

原寸

ヒメガガンボ亜科ウスバガガンボ属

ウスバガガンボ

Antocha sp.

きれい	少し汚れた	汚れた	非常に汚れた

スコア値 **8**

分布 北海道、本州、四国、九州

環境 

場所 平瀬・石表面

時期 3〜11月

体長 7.5mm

原寸

[**特徴と生態**] 肢のないイモムシ形の幼虫で、リンゴ大以上の石表面に、口から出した絹糸で幕を張ったような巣を作り、その中に入っている。幼虫は巣の周囲にある付着藻類を食べる。写真は幼虫の腹面。

ガガンボ科ガガンボ属

マダラガガンボ

Tipula coquilletti

きれい	少し汚れた	汚れた	非常に汚れた

スコア値 **8**

分布 北海道、本州、四国、九州

環境 

場所 堆積した落ち葉の中

時期 4〜6月

体長 60mm

原寸

[**特徴と生態**] 体はやわらかくぶよぶよしており、伸び縮みする。頭は体内にあって見えず、目もない。腹部先には呼吸盤があり、尾のような突起がある。渓畔林がある山地渓流や細流の堆積した落ち葉の中におり、落ち葉などの植物を食べる。

タイコウチ科タイコウチ属

タイコウチ

Laccotrephes japonensis

きれい	少し汚れた	汚れた	非常に汚れた	スコア値
				—

分布 本州・四国・九州

環境 

場所 岸際緩流部・池

時期 7～10月（成虫は4～11月まで見られる）

体長 38mm（呼吸管を除く）

原寸

［特徴と生態］細長い水生カメムシで、腹部先端に1本の呼吸管がある。前肢腿節（ぜんしたいせつ）には1本の大きなトゲがあり、この肢（あし）を使って小魚や水性昆虫などを捕獲する。口は針状になっており、獲物に差し込んで消化液を送り込み、溶けた肉汁を吸い出す。

ブユ科アシマダラブユ属

アシマダラブユ

Simulium japonicum

きれい	少し汚れた	汚れた	非常に汚れた	スコア値
				7

分布 北海道、本州、四国、九州

環境 

場所 早瀬・石表面

時期 一年中

体長 7mm

原寸

［特徴と生態］幼虫には肢（あし）がなく、壷のように腹部後半が太くなっており、先端にある吸盤で石や植物に張り付く。頭部には、開閉可能な扇状のブラシがあり、これで流下してくる藻などの有機物をキャッチして食べる。

アミカ科クロバアミカ属

クロバアミカ

Bibiocephala infuscata

きれい	少し汚れた	汚れた	非常に汚れた

スコア値 **10**

分布 北海道、本州、四国、九州

環境

場所 早瀬・石側面

時期 5〜7月

体長 16mm

原寸

［**特徴と生態**］体には6つの体節があり、第1体節には触角、頭、胸、腹部までがある。体節の腹面には吸盤があり、それで石に張り付き、石表面に生える付着藻類を食べる。幼虫は山地渓流の早瀬に生息しており、特にきれいな水質を好む。

タイコウチ科ミズカマキリ属

ミズカマキリ

Ranatra chinensis

きれい	少し汚れた	汚れた	非常に汚れた

スコア値 —

分布 北海道、本州、四国、九州

環境

場所 抽水植物群生地・ため池

時期 5〜7月
（成虫は4〜11月まで見られる）

体長 45mm（呼吸管は除く）

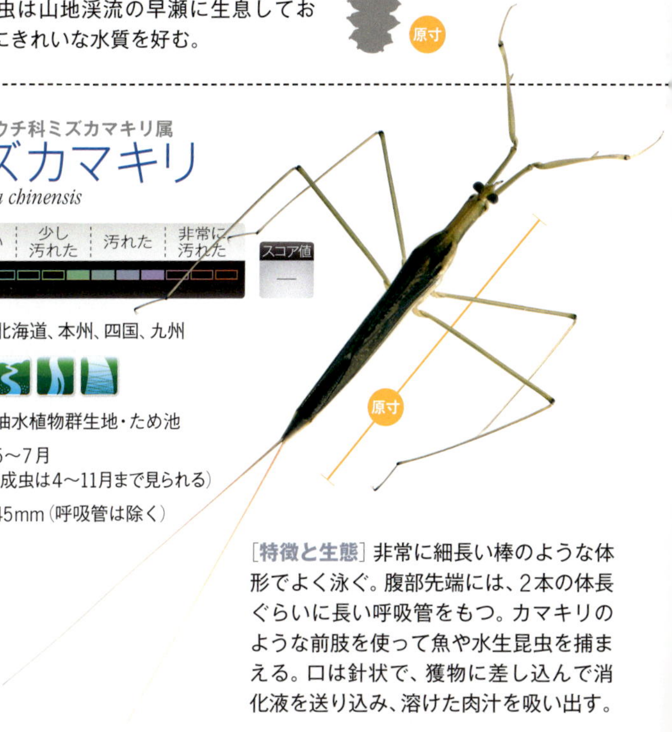

原寸

［**特徴と生態**］非常に細長い棒のような体形でよく泳ぐ。腹部先端には、2本の体長ぐらいに長い呼吸管をもつ。カマキリのような前肢を使って魚や水生昆虫を捕まえる。口は針状で、獲物に差し込んで消化液を送り込み、溶けた肉汁を吸い出す。

ヒラタドロムシ科

ヒラタドロムシ

Mataeopsephus japonicus

きれい
少し汚れた
汚れた
非常に汚れた

スコア値 **8**

分布 本州、四国、九州

環境 

場所 早瀬・平瀬・石表面

時期 7〜8月

体長 10mm

［特徴と生態］ 丸い皿を伏せたような平たい幼虫。外見は甲殻類のようだが、腹面には3対の肢があり、腹部にはエラが見える。石表面にピタリと張り付くように生息しており、非常にゆっくりと移動しながら石表面に生える付着藻類を食べる。

原寸

ミズムシ科

ミズムシ

Asellus hilgendorfii

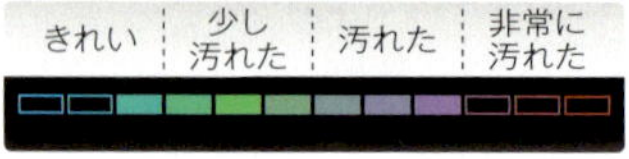

きれい
少し汚れた
汚れた
非常に汚れた

スコア値 **2**

頭部

分布 北海道、本州、四国、九州

環境 

場所 平瀬・淵・石下・石間・堆積した落ち葉の中

時期 一年中

体長 10mm

［特徴と生態］ 節足動物でエビやカニに近い。ダンゴムシを平たくしたような体形。長い触角と7対の脚がある。川底に積もった落ち葉の中や、石の下を移動しながら有機物を食べる。水のきれいな流れにもいるが、汚れた水にはよりたくさん生息している。

原寸

ュスリカ科ユスリカ属

セスジユスリカ

hironomus yoshimatsui

きれい	少し汚れた	汚れた	非常に汚れた

スコア値 1

分布 北海道、本州、四国、九州

環境

場所 平瀬・淵・石下・泥の中

時期 3〜12月

体長 10mm

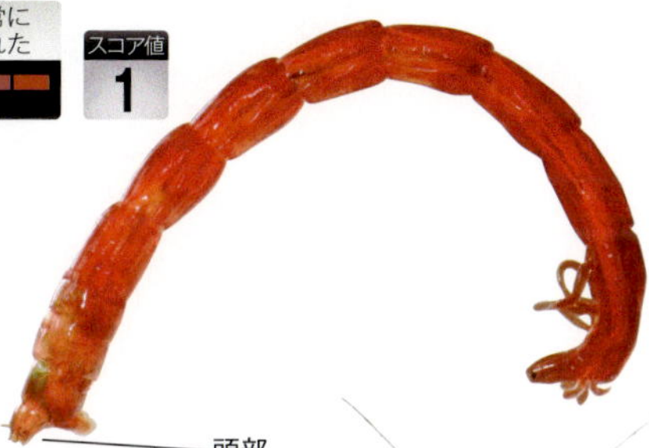

頭部

特徴と生態] 鮮やかな赤色のユスリカ幼虫
で、頭部にはごく短い触角と点のような目
があり、腹部第10節に1対の短い側エラ、
第11節には血エラが2対ある。ゆるい流れ
や止水の泥の中に潜っており、泥の中の有
機物を食べる。

ユスリカ科ヤマユスリカ亜科

ヤマユスリカ

Diamesinae

きれい	少し汚れた	汚れた	非常に汚れた

スコア値 3

分布 北海道、本州、四国、九州

環境

場所 平瀬・淵・石側面

時期 11〜3月

体長 5〜10mm

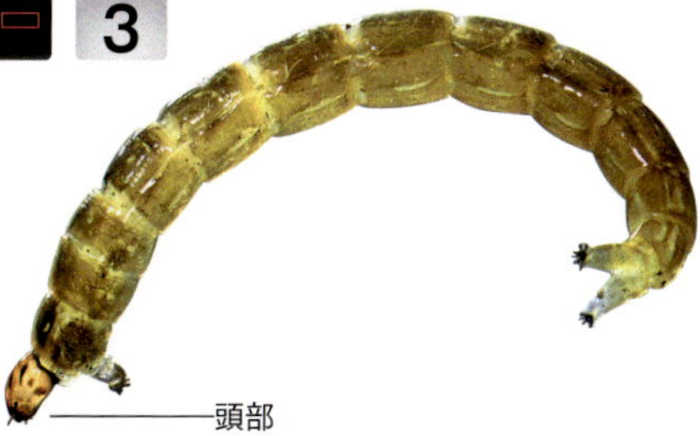

頭部

特徴と生態] エラがなく、体色がオリーブ
色など赤くないユスリカ幼虫は、流水中に
生息している。中でもヤマユスリカは水の
きれいな山地から平地にかけての渓流に
生息する。石表面にトンネル状の巣を作り、
周囲の付着藻類を食べる。

ザリガニ科アメリカザリガニ亜属

アメリカザリガニ

Procambarus clarkii

きれい	少し汚れた	汚れた	非常に汚れた

スコア値 —

分布 本州、四国、九州

環境

場所 よどみ・石下・泥穴

時期 —

体長 100mm

原寸

［特徴と生態］北アメリカ原産の外来種。成熟した雄は赤くなりヨロイのような頭胸部には1対の大きくて頑丈なハサミ脚と、対の歩脚、腹部には対の副肢がある。泥の多い底質を好み、穴を掘ってその中に入っている。雑食性で、死んだ魚から植物まで何でも食べる。

キタヨコエビ

キタヨコエビ科

Anisogammaridae

きれい	少し汚れた	汚れた	非常に汚れた

スコア値 9

分布 北海道、本州、四国、九州

環境

場所 平瀬緩流部・石下・石間 堆積した落ち葉の中

時期 —

体長 10～20mm

原寸

［特徴と生態］ハサミをもたないエビで、頭部も小さい。縦に扁平な体で、脚がたくさんある。触角は2対あり、第1触角が長く、第2触角は短い。第1触角をルーペで拡大して見ると、副肢（細長いヒゲ）がある。沈んだ落ち葉の中などに潜み、横になって泳ぐことが多い。

ヾゥゲシア科

ナミウズムシ

ugesia japonica

きれい	少し汚れた	汚れた	非常に汚れた

スコア値 7

分布 北海道、本州、四国、九州

環境

場所 平瀬・石側面・石下

時期 —

体長 30mm

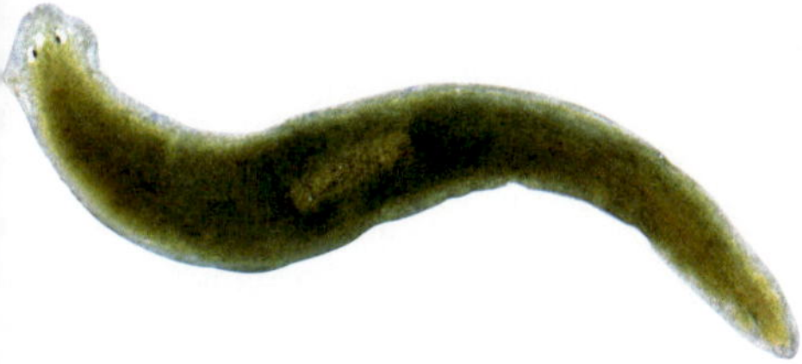

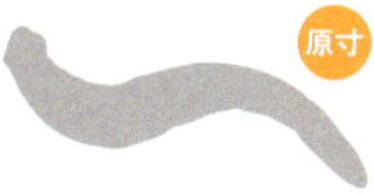

特徴と生態］別名プラナリア。ヒルに似た生物で、頭は三角形。点のような目が1対ある。体は細長く扁平で、粘液に包まれている。平瀬の石を裏返すと、へばりついている。ネットでは採集しにくいので、石を直接持ち上げて探し、ピンセットなどで捕まえよう。動物の死体や付着藻類を食べる。

ュンボソコエビ科

ニホンドロソコエビ

randidierella japonica

きれい	少し汚れた	汚れた	非常に汚れた

スコア値 —

分布 北海道、本州、四国、九州

環境

場所 砂泥の中

時期 —

体長 22mm

［特徴と生態］河川の下流汽水域の砂泥の中に潜っており、川底に堆積した有機物を食べる。体は平たくヨコエビに似るが、体を横にして泳がず、脚を下にして泳ぐ。干潟に飛来する鳥類や魚類、甲殻類の重要なエサとなる。

コツブムシ科イソコツブムシ属

イソコツブムシ

Gnorimosphaeroma rayi

きれい | 少し汚れた | 汚れた | 非常に汚れた

スコア値 —

分布 北海道、本州、四国、九州

環境 

場所 石下・海草の間

時期 —

体長 8mm

原寸

[特徴と生態] 川の下流でも海水の混じる汽水域の石の下や、海草の間にいて有機物を食べている。体色はまだらで色もさまざま。ピンセットでつついたりすると、ダンゴムシのように体を丸めるのが大きな特徴。

ヌマエビ科

ヌカエビ

Paratya compressa improvisa

きれい | 少し汚れた | 汚れた | 非常に汚れた

スコア値 —

分布 本州中部以北

環境 

場所 水草・抽水植物群生地内

時期 —

体長 30mm

原寸

[特徴と生態] 本州中部以北の水がきれいな川に生息している。石下やヨシなどが茂った中にすむ植物食の小さなエビ。歩脚の付け根には外肢と呼ばれる細くて小さな脚がある。本州中部以西には、よく似た同科別種のヌマエビ（南部群）がいる。

テナガエビ科スジエビ亜属

スジエビ

alaemon paucidens

きれい	少し汚れた	汚れた	非常に汚れた

スコア値 —

分布 北海道、本州、四国、九州

環境

場所 平瀬・淵・ヨシ群落・石下

時期 —

体長 40mm

特徴と生態］透明なエビで、第2胸脚は少し長く腹部に縞模様がある。川エビとして食用にされる。護岸のコンクリートブロック下やヨシ群落の中など、水草がらみに多く生息する。主に肉食性で、夜間には平瀬にも出てきて、歩き回ってエサを探す。

サワガニ科

サワガニ

eothelphusa dehaani

きれい	少し汚れた	汚れた	非常に汚れた

スコア値 8

分布 本州、四国、九州

環境

場所 平瀬・岸際の浅い流れ

時期 —

体長 25mm（胸甲の幅）

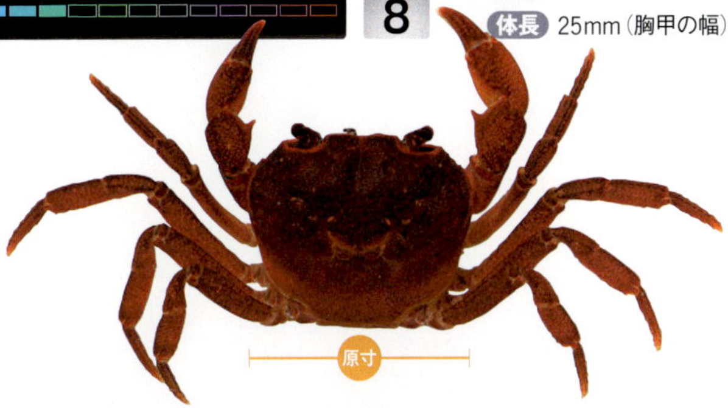

特徴と生態］日本で唯一、一生淡水域に生息するカニ。体色は赤褐色系から青紫色系まで産地によっていろいろ。雄は右のハサミ脚が大きく、雌は左右同じ大きさ。雑食性で、岸際の浅い流れや細流などの石下に潜んでいる。水から出て、生息地付近の陸上を歩くこともある。

タニシ科

マルタニシ

Bellamya chinensis laeta

きれい	少し汚れた	汚れた	非常に汚れた	スコア値
				—

分布 北海道、本州、四国、九州

環境

場所 石や植物表面・泥の上

時期 —

体長 40mm（殻高）

［特徴と生態］丸っこい殻が特徴で、泥底の小川、水田などに生息し、春から夏に仔貝を産んで増える。石や泥、植物に付着した藻類を食べ、エラで水中の有機物も吸い込んで食べる。近縁種には、より大型のオオタニシ、殻が細長くて小型のヒメタニシがいる。

カワニナ科

カワニナ

Semisulcospira libertina

きれい	少し汚れた	汚れた	非常に汚れた	スコア値
				8

分布 北海道、本州、四国、九州

環境

場所 平瀬緩流部・石下・石側面

時期 —

体長 30mm

［特徴と生態］細長い巻き貝で、フタをもつ。殻頂（貝殻の先端部）が欠けていることが多い。殻の表面はつるつるしている。ゲンジボタル幼虫（p.68）のエサになることでよく知られており、川底をはい回って石や落ち葉などに生えた付着藻類を食べる。

サカマキガイ科

サカマキガイ

hysa acta

きれい	少し汚れた	汚れた	非常に汚れた

スコア値 **1**

分布 本州、四国、九州

環境 

場所 平瀬緩流部・淵・石表面

時期 —

体長 10mm

原寸

[**特徴と生態**] 肺をもち、水面を泳ぐことができる左巻きの巻き貝（カワニナなど一般的な巻き貝とは反対向きに貝殻が巻く）。殻は薄く、不規則な斑紋がある。もとは海外原産で観賞魚用に輸入されたもの。石や植物の表面をはい回り、付着藻類や植物、微生物などを食べる。

イトミミズ科

イトミミズ

ubificidae gen. sp.

きれい	少し汚れた	汚れた	非常に汚れた

スコア値 **1**

分布 北海道、本州、四国、九州

環境 

場所 泥底

時期 —

体長 80mm

[**特徴と生態**] 細長い体で、淡い赤や真っ赤な体色のミミズ。川底の泥の中から体を出してゆらゆらと揺れており、泥を食べる。よく似たエラミミズはイトミミズの仲間で、体の後端に毛のようなエラが並び、「非常に汚れた」流れに生息する。

イシビル科シマイシビル属

シマイシビル

Erpobdella lineata

きれい	少し汚れた	汚れた	非常に汚れた

スコア値 **2**

分布 北海道、本州、四国、九州

環境 

場所 平瀬・淵・石下

時期 —

体長 45mm

［特徴と生態］体は平たく、伸びたり縮んだりする。背面には細かいマダラ模様と縦線があり、腹面の先には吸盤がある。肉食性で、ユスリカやイトミミズなど小さな水生生物を食べる。石裏などに張り付いた状態で見つかるが、体を波打たせて泳ぐこともできる。

ヒルド科

ウマビル

Whitmania pigra

きれい	少し汚れた	汚れた	非常に汚れた

スコア値 **2**

分布 北海道、本州、四国、九州

環境 

場所 抽水植物群生地・池

時期 —

体長 150mm

［特徴と生態］鮮やかな緑色の体に、太い黄色のラインが1本と細いラインが4本ある大きなヒル。体の細いほうが頭で、口のそばと肛門付近に吸盤がある。たまたま人に吸いつくことがあるが、吸血はしない。肉食性で、巻き貝などを捕食する。